원리와 사고력이 가득한 퍼펙 톡토리

맛있는 **퍼펙 연산**

S1
5~7세

9까지의 수

수학의 언어, 수와 연산!

수와 연산은 수학 학습의 첫 걸음이며 가장 기본이 되는 영역입니다.

모든 수학의 영역에서 수와 연산은 개념을 표현하는 도구 뿐만이 아닌, 문제 해결의 도구이기도 합니다. 따라서 수학의 언어라고 할 수 있습니다.

언어를 제대로 구사하지 못한다면 생각을 제대로 표현하지 못하고, 의사소통과 상호작용에 문제가 생기게 됩니다. 수학의 언어도 이와 마찬가지로 연산의 기본이 제대로 훈련되지 않으면 정확하게 개념을 이해하기 힘들고, 문제 해결이 어려워지므로 더 높은 단계의 개념과 수학의 다양한 영역으로의 확장에 걸림돌이 될 수 밖에 없습니다.

연산은 간단하고 가볍게 여겨질 수 있지만 앞으로 한 걸음씩 나아가는 발걸음에 큰 영향을 줄 수 있음을 꼭 기억해야 합니다.

피할 수 없다면, 재미있는 반복을!

유아에서 초등 저학년의 아이들이 집중할 수 있는 시간은 길지 않고, 새로운 자극에 예민하며 호기심은 높습니다. 하지만 연산 학습에서 피할 수 없는 부분은 반복 훈련입니다. 꾸준한 반복 훈련으로 아이들의 뇌에 연산의 원리들이 체계적으로 자리를 잡으며 차근차근 다음 단계로 올라가는 것을 목표로 해야 하기 때문입니다.

따라서 피할 수 없다면 재미있는 반복을 통하여 즐거운 연산 훈련을 하도록 해야 합니다. 구체적인 상황과 예시, 다양한 방법을 통한 반복적인 연습을 통하여 기본기를 다지며 연산 원리를 적용할 수 있는 능력을 키울 수 있습니다.

상상만으로 암기하고, 기계적인 반복으로 주입하는 방식으로는 더이상 기본기를 탄탄히 다질 수 없습니다.

왜? 맛있는 퍼팩 연산 이어야 할까요!

확실한 원리 학습

문제를 풀면서 희미하게 알게 되는 원리가 아닌, 주제별 원리를 정확하게 배우고, 따라하고, 확장하는 과정을 통해 자연스럽게 개념을 이해하고 스스로 문제를 해결할 수 있습니다.

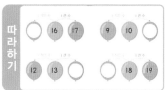

효과적인 반복 훈련의 구성

다양한 방법으로 충분히 원리를 이해한 후 재미있는 단계별 퍼즐을 스스로 해결함으로써 수학 학습에 대한 동기를 부여하여 규칙적으로 훈련하고자 하는 올바른 수학 학습 습관을 길러 줍니다.

예시 S단계 4권 _ 2주차: 더하기 1, 빼기 1

수의 순서를 이용하여
1 큰 수, 1 작은 수 구하기

빈칸 채우기

큰 수와 작은 수를 이용한
더하기, 빼기

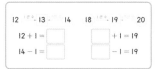

같은 수를 더하기와 빼기로 표현

규칙을 이용하여 빈칸 채우기

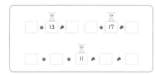

규칙을 이용하여 빈칸 채우기

창의·융합 활동을 이용한
더하기, 빼기

같은 계산 결과끼리
선 연결하기

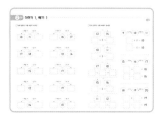

드릴 연산

한 주의 주제를 구체물, 그림, 퍼즐 연산, 수식 등의 다양한 방법을 통하여 즐겁게 반복합니다.
원리를 충분히 활용하여 재미있게 구성한 퍼즐 연산은 각 퍼즐마다 사고력의 단계를 천천히 높여가므로
탄탄한 계산력이 다져지는 것과 함께 사고력도 키울 수 있습니다.

구성과 특징

본문 주별 학습 주제에 맞춰 1~3일차에는 원리 이해와 충분한 연습을 하고, 4~5일차에는 흥미 가득한 퍼즐 연산으로 사고력까지 키워요.

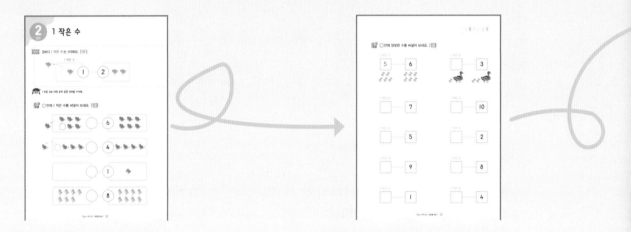

1 한눈에 쏙! 원리 연산

간결하고 쉽게 원리를 배우고
따라해 보면 쉽게 이해할 수 있어요.

2 이해 쑥쑥! 연산 연습

반복 연습을 통해 연산 원리에
대한 이해를 높일 수 있어요.

부록

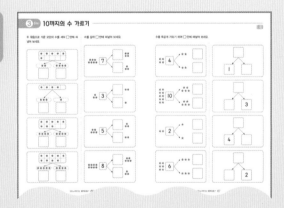

5 집중! 드릴 연산

주별 학습 주제를 복습할 수 있는 드릴 문제로
부족한 부분을 한 번 더 연습할 수 있어요.

이렇게 활용해 보세요!

● 하나

교재의 한 주차 내용을
학습한 후, 반복 학습용으로
활용합니다.

●● 둘

교재의 모든 내용을
학습한 후, 복습용으로
활용합니다.

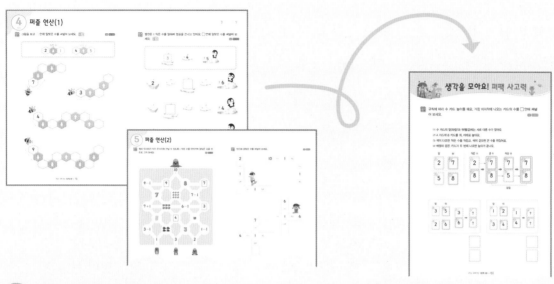

3 흥미 팡팡! 퍼즐 연산

다양한 형태의 문제를 재미있게 연습하며 원리를
적용하는 방법을 익히고 응용력을 키울 수 있어요.

* 퍼즐 연산의 각 문제에 표시된 추론 , 문제해결 , 의사소통 , 정보처리 ,
창의·융합 은 초등수학 교과역량을 나타낸 것입니다.

4 생각을 모아요! 퍼팩 사고력

4주 동안 배운 내용을 활용하고
깊게 생각하는 문제를 통해서
성취감과 함께 한 단계 발전된
사고력을 키울 수 있어요.

좀 더 자세히 알고 싶을 땐, 동영상 강의를 활용해 보세요!

주차별 첫 페이지 상단의 QR코드를
스캔하면 무료 동영상 강의를 볼 수 있어요.
본문의 원리와 모든 문제를 알기 쉽고
친절하게 설명한 강의를 충분히 활용해 보세요.

'맛있는 퍼팩 연산' APP 이렇게 이용해요.

1. 맛있는 퍼팩 연산 전용 앱으로 학습 효과를 높여 보세요.

맛있는 퍼팩 연산 교재만을 위한 앱에서 자동 채점, 보충 문제, 동영상 강의를 이용할 수 있습니다.

자동 채점

학습한 페이지를
핸드폰 또는 태블릿으로
촬영하면 자동으로
채점이 됩니다.

보충 문제

일차별 학습 완료 후
APP에서 보충 문제를 풀고,
정답을 입력하면
바로 채점 결과를
알 수 있습니다.

동영상 강의

좀 더 자세히 알고 싶은
내용은 원리 개념 설명
및 문제 풀이 동영상
강의를 통하여 완벽하게
이해할 수 있습니다.

2. 사용 방법

 구글 플레이스토어에서 **'맛있는 퍼팩 연산'** 앱 다운로드

 앱스토어에서 **'맛있는 퍼팩 연산'** 앱 다운로드

* 앱 다운로드

Android   iOS

* '맛있는 퍼팩 연산' 앱은 2022년 7월부터 체험이 가능합니다.

맛있는 퍼팩 연산 | 단계별 커리큘럼

S단계 | 5~7세

1권	9까지의 수	4권	20까지의 수의 덧셈과 뺄셈
2권	10까지의 수의 덧셈	5권	30까지의 수의 덧셈과 뺄셈
3권	10까지의 수의 뺄셈	6권	40까지의 수의 덧셈과 뺄셈

P단계 | 7세·초등 1학년

1권	50까지의 수	4권	뺄셈구구
2권	100까지의 수	5권	10의 덧셈과 뺄셈
3권	덧셈구구	6권	세 수의 덧셈과 뺄셈

A단계 | 초등 1학년

1권	받아올림이 없는 (두 자리 수)+(두 자리 수)	4권	받아올림과 받아내림
2권	받아내림이 없는 (두 자리 수)-(두 자리 수)	5권	두 자리 수의 덧셈과 뺄셈
3권	두 자리 수의 덧셈과 뺄셈의 관계	6권	세 수의 덧셈과 뺄셈

B단계 | 초등 2학년

1권	받아올림이 있는 두 자리 수의 덧셈	4권	세 자리 수의 뺄셈
2권	받아내림이 있는 두 자리 수의 뺄셈	5권	곱셈구구(1)
3권	세 자리 수의 덧셈	6권	곱셈구구(2)

C단계 | 초등 3학년

1권	(세 자리 수)×(한 자리 수)	4권	나눗셈
2권	(두 자리 수)×(두 자리 수)	5권	(두 자리 수)÷(한 자리 수)
3권	(세 자리 수)×(두 자리 수)	6권	(세 자리 수)÷(한 자리 수)

차례

맛있는 퍼팩 연산

S단계 1권

1 주차 1, 2, 3, 4, 5 알아보기

1주차에서는 1부터 5까지의 수를 알아봅니다.
구체물의 수를 세어 쓰고 읽는 학습을 통해 수를 쉽게 이해할 수 있습니다.
이를 통해 연산을 학습하는데 기초가 되는 수의 개념을 형성하게 됩니다.

1, 2, 3, 4, 5 알아보기

1 일차

원리 구슬의 수에 맞추어 수를 읽고 1, 2, 3, 4, 5를 알아보아요. ▶

●	●●	●●●	●●●●	●●●●●
1	2	3	4	5
일, 하나	이, 둘	삼, 셋	사, 넷	오, 다섯

 1, 2, 3, 4, 5를 직접 써 보며 소리 내어 읽는 연습도 함께 해 보세요.

 과일의 수를 세어 알맞은 수에 ○ 해 보세요.

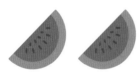

②	3	4

3	4	5

1	2	3

3	4	5

2	3	4

1	2	3

그림을 보고 수가 같지 않은 것에 ✕ 해 보세요.

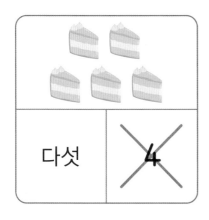

다섯	✕ 4

일	넷

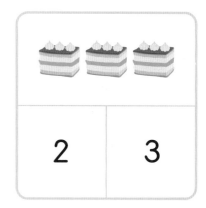

2	3

일	2
	둘

	다섯
오	3

🎉🎉🎉🎉	셋
4	사

4	🧁🧁🧁
삼	셋

하나	🎁
오	1

이	둘
5	🎁🎁

2 일차 수 세기(1)

원리 차례대로 하나씩 수를 세며 펭귄의 수를 셀 수 있어요.

| 1 | 2 | 3 | 4 | ⑤ |

펭귄의 수

5

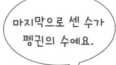
마지막으로 센 수가 펭귄의 수예요.

 수를 셀 때는 마지막으로 센 수가 전체 수가 되는 것을 알게 해 주세요.

 동물의 수를 세어 ☐ 안에 써넣어 보세요.

1
2

☐

☐

☐

☐

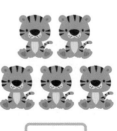

☐

☐

☐

☐

동물의 수를 세어 ☐ 안에 써넣어 보세요.

수 세기(2)

일차

 모양의 수를 세어 바르게 읽어 보아요.

3	
삼	셋

'3'이라고 쓰고,
'삼' 또는 '셋'으로
읽어요.

수를 세고 정확하게 읽는 것은 중요하므로 바르게 읽기가 익숙해지도록 여러 번 따라 읽게 해 주세요.

 수를 세어 쓰고 바르게 읽은 것에 ○ 해 보세요.

3	
(삼)	둘

셋	넷

이	일

다섯	하나

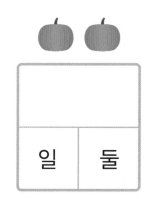

일	둘

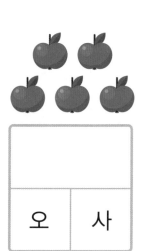

오	사

수를 세어 쓰고 바르게 읽은 것에 ◯ 해 보세요.

| 5 | 이 | ⭕오 |

| | 둘 | 셋 |

| | 일 | 이 |

| | 삼 | 사 |

| | 이 | 넷 |

| | 사 | 다섯 |

| | 하나 | 삼 |

퍼즐 연산(1)

수를 세어 □ 안에 써넣어 보세요.

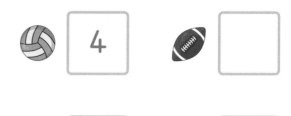

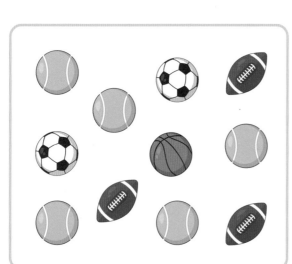

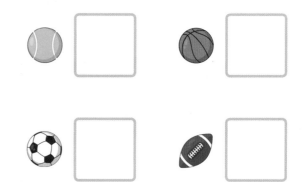

주어진 수만큼 ◯하고, 남아 있는 모양의 수를 세어 ☐ 안에 써넣어 보세요.

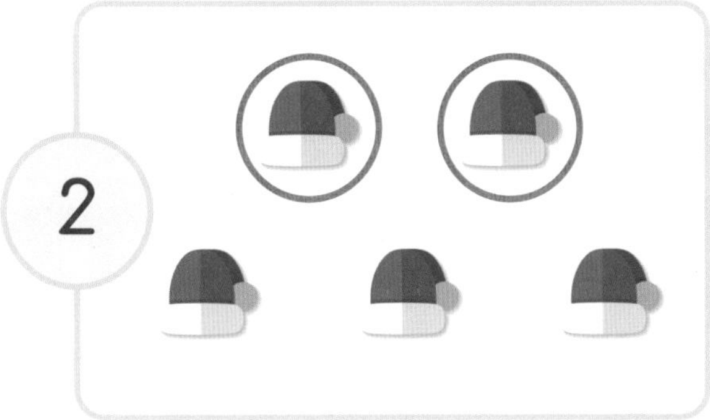

2

3

4

1

3

5

4

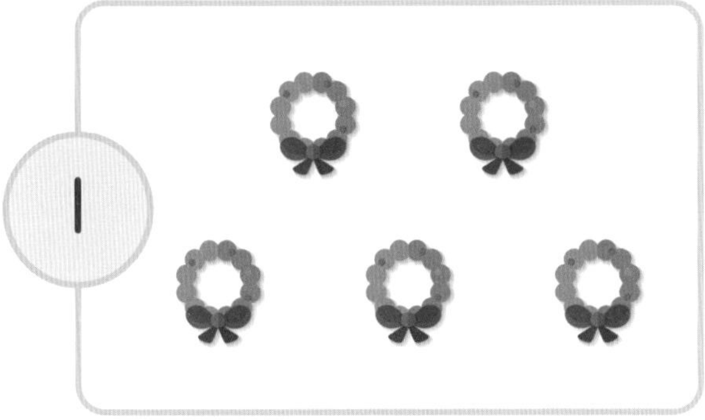

퍼즐 연산(2)

수를 세어 알맞게 선을 그어 보세요.

| 5 | 일 | 둘 | 3 | 사 |

| 하나 | 삼 | 4 | 이 | 다섯 |

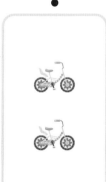

펼친 손가락의 수와 동물의 수가 같아지도록 붙임딱지를 붙여 보세요.

추론 문제해결

동물들이 집으로 가는 길을 선으로 그어 보고, 가면서 먹은 것의 수를 ☐ 안에 써넣어 보세요.

수론 창의·융합

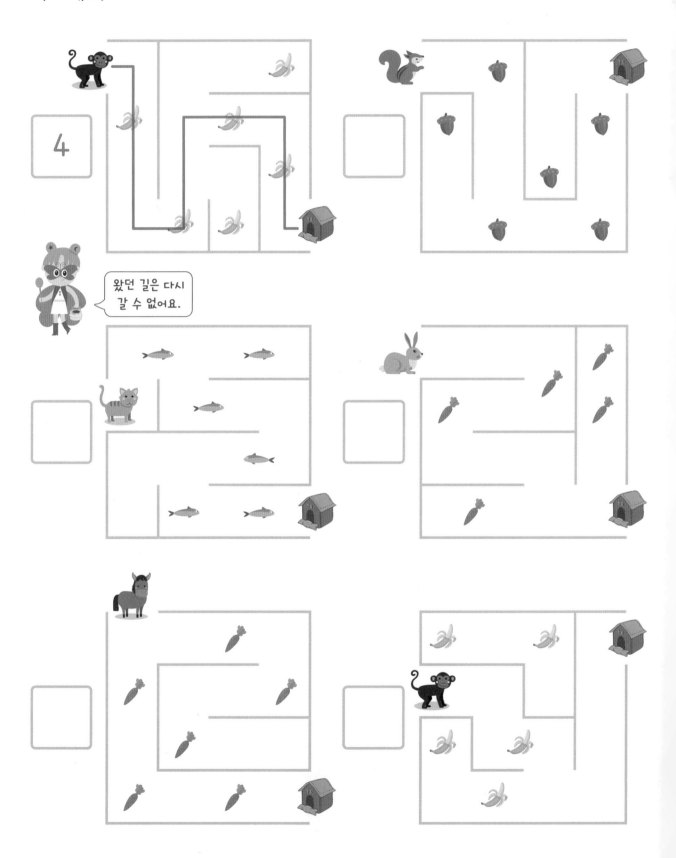

왔던 길은 다시 갈 수 없어요.

2 주차 1, 2, 3, 4, 5의 순서

2주차에서는 순서의 의미를 가진 수의 개념에 대해 배웁니다.
구체물을 셀 때 사용했던 수의 개념을 순서로 확장함으로써
자연수의 정렬성을 이해하고, 수의 크기를 공부하기 위한
기본적인 개념을 학습합니다.

첫째, 둘째, 셋째, 넷째, 다섯째

아이스크림을 사려고 줄을 서 있는 동물들의 순서를 알아보아요.

1	2	3	4	5

첫째	둘째	셋째	넷째	다섯째

순서를 나타내는 1을 표현할 때, '첫째'를 '하나째'라고 읽지 않도록 주의해요.

동물들이 버스를 기다리며 줄을 서 있어요. 순서를 잘못 읽은 것에 ✕ 해 보세요.

첫째	둘째	넷째	셋째	다섯째

첫째	다섯째	셋째	넷째	둘째

과일 붙임딱지를 알맞은 칸에 붙여 보세요.

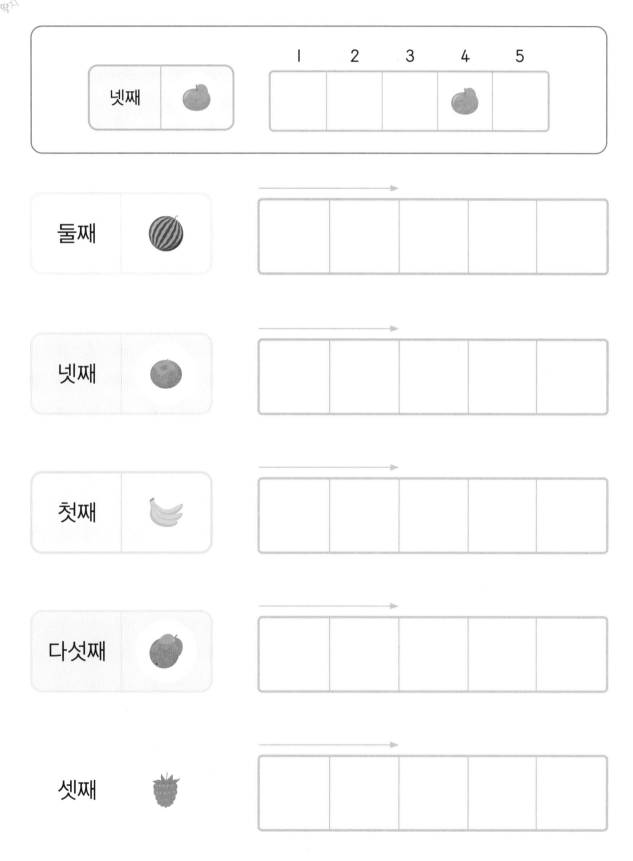

2 일차 수의 순서(1)

원리 수를 나타내는 모양을 수의 순서대로 놓을 수 있어요. ▶️

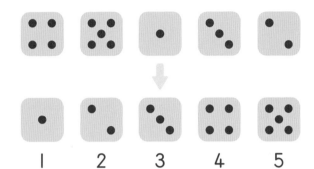

1   2   3   4   5

주사위의 눈의 개수가 수를 나타내요.

수의 순서대로 모양을 놓은 것에 ◯ 해 보세요.

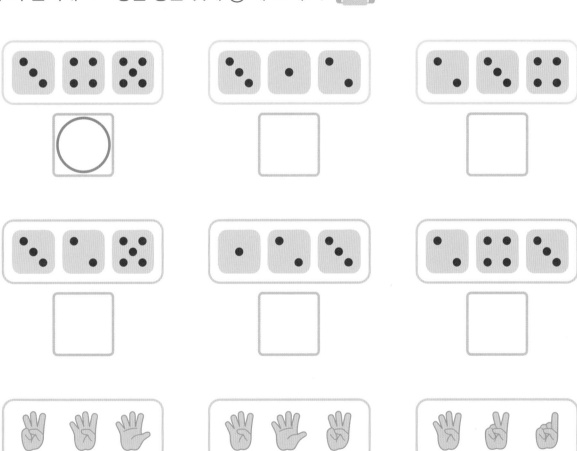

수의 순서대로 모양을 놓을 때, 빈 곳에 알맞은 모양에 ◯ 해 보세요.

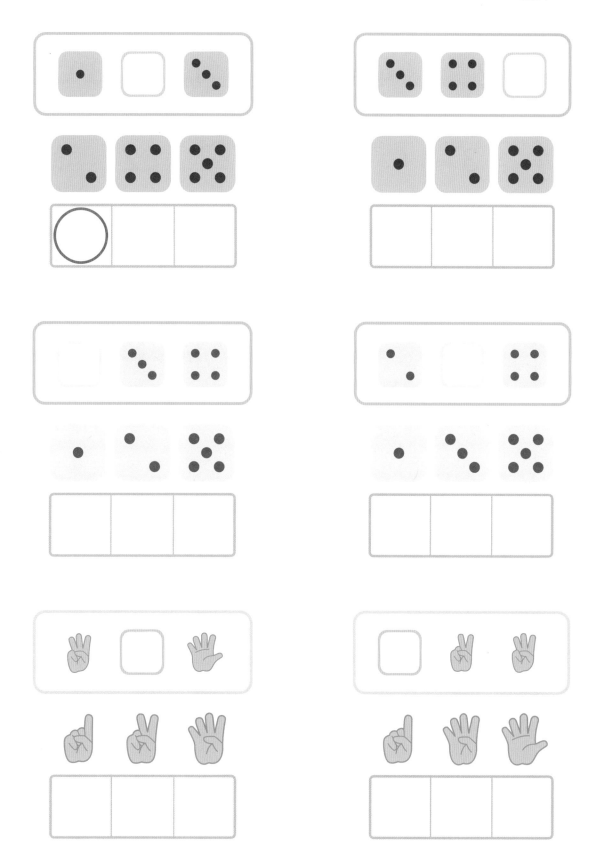

3 일차

수의 순서(2)

| 1 | 2 | | 4 | 5 | ⇒ | 1 | 2 | 3 | 4 | 5 |

| 1 | 3 | 4 | 2 | ⇒ | 1 | 2 | 3 | 4 |

수 카드를 순서대로 놓았을 때, 빈 곳에 알맞은 수를 ☐ 안에 써넣어 보세요.

| 1 | 2 | ☐ |
| 3 |

| 2 | 3 | ☐ |
| ☐ |

| ☐ | 4 | 5 |
| ☐ |

| 2 | ☐ | 4 |
| ☐ |

| 1 | ☐ | 3 |
| ☐ |

| 3 | 4 | ☐ |
| ☐ |

수의 순서에 알맞게 빈칸에 수를 써넣어 보세요.

| 1 | 2 | 3 | 4 |

| | 2 | 3 | 4 |

| 2 | 3 | | 5 |

| 1 | | 3 | |

| 1 | 2 | | 4 |

| 2 | 3 | 4 | |

수를 순서대로 빈칸에 써넣어 보세요.

4	3	5
3	4	5

2	3	1

4	2	3

3	5	4

3	1	2

5	4	3

퍼즐 연산(1)

친구가 앉은 자리가 몇째인지 적었어요. 바르게 적은 동물에게 ◯ 해 보세요.

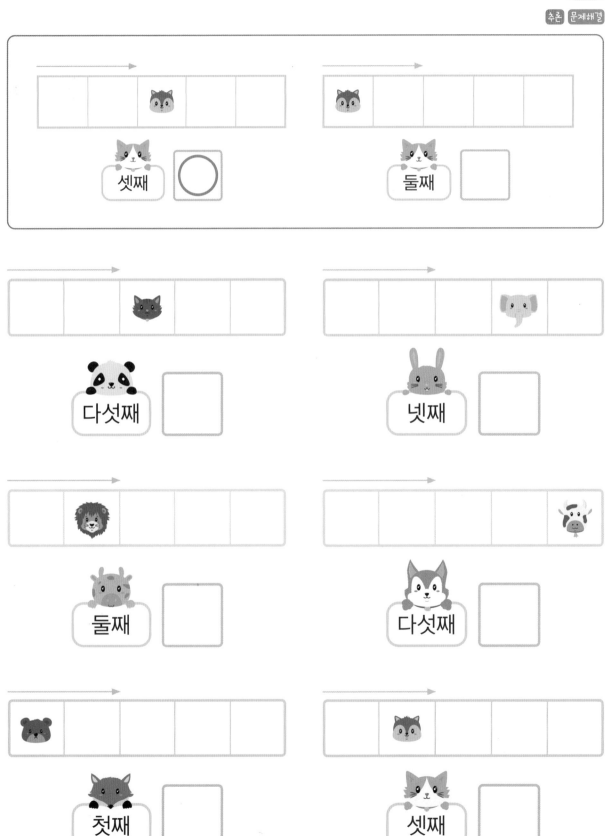

책장에 여러 가지 물건이 놓여 있어요. 각 물건이 아래부터 몇째인지 알맞은 수를 ☐ 안에 써넣어 보세요.

첫째

5 일차

퍼즐 연산(2)

1부터 5까지의 숫자가 순서대로 적힌 띠가 끊어졌어요. 없어진 부분에 적힌 숫자를
☐ 안에 순서대로 써넣어 보세요.

추론 창의·융합

| 1 2 3 4 5 | ➡ | 3 4 5 |

| 1 | 2 |

| 4 5 |

| 1 | 2 | 3 |

| 1 2 5 |

| ☐ | ☐ |

| 1 2 3 |

| ☐ | ☐ |

| 1 3 4 |

| ☐ | ☐ |

| 2 3 5 |

| ☐ | ☐ |

| 1 3 5 |

| ☐ | ☐ |

| 3 4 |

| ☐ | ☐ | ☐ |

| 2 4 |

| ☐ | ☐ | ☐ |

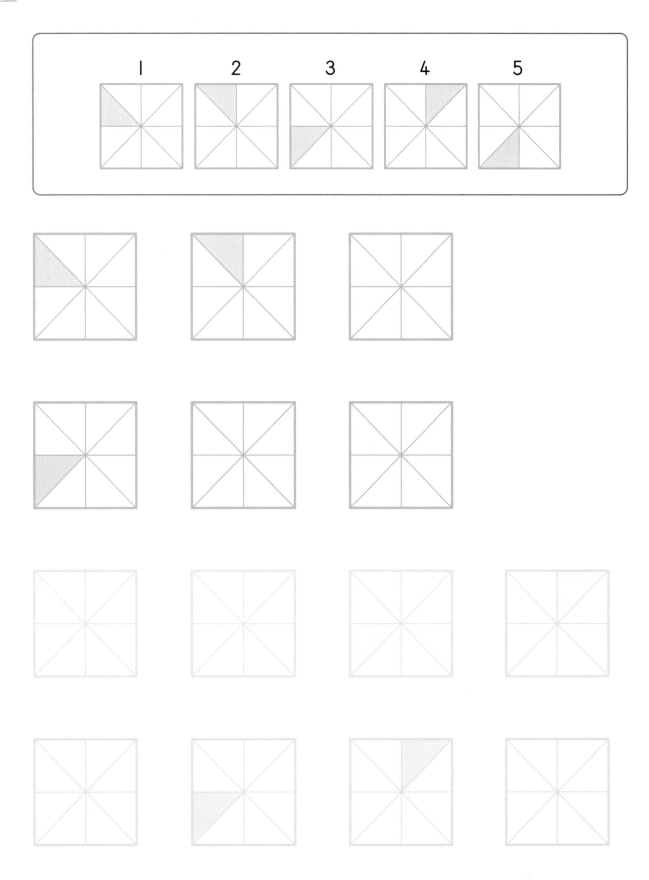

수의 순서에 맞게 모양을 색칠해 보세요.

색이 같은 숫자끼리 I부터 순서대로 연결하여 그림을 완성해 보세요.

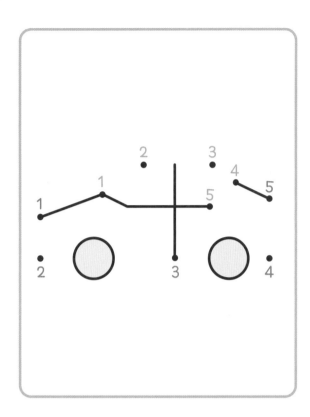

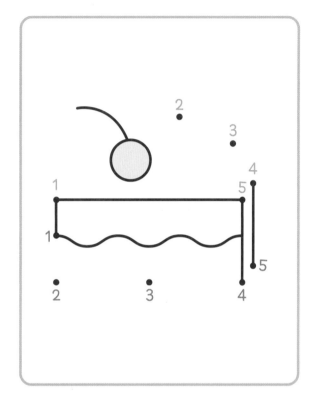

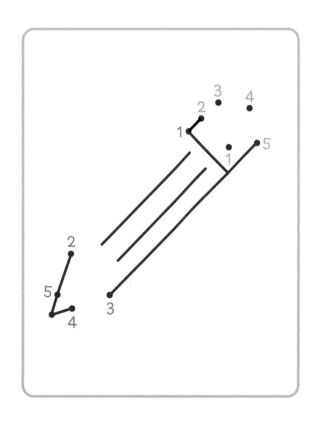

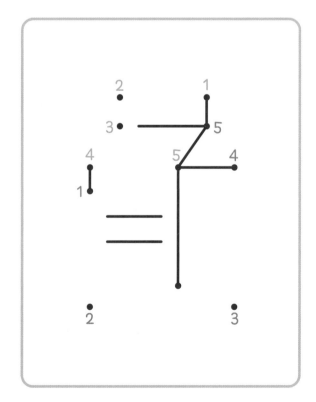

동영상 강의

맛있는 퍼팩 연산
S단계 1권

3 주차 6, 7, 8, 9 알아보기

3주차에서는 9까지의 수를 알아봅니다.
구체물의 수를 세어 쓰고 읽는 학습을 통해 수를 쉽게 이해할 수 있습니다.
이를 통해 연산을 학습하는데 기초가 되는 수의 개념을 형성하게 됩니다.

6, 7, 8, 9 알아보기

원리 구슬의 수에 맞추어 수를 읽고 6, 7, 8, 9를 알아보아요. ▶

●●● ●●●	●●●● ●●●	●●●● ●●●●	●●●●● ●●●●
6	7	8	9
육, 여섯	칠, 일곱	팔, 여덟	구, 아홉

6, 7, 8, 9를 직접 써 보며 소리 내어 읽는 연습도 함께 해 보세요.

수를 세어 알맞은 수에 ◯ 해 보세요.

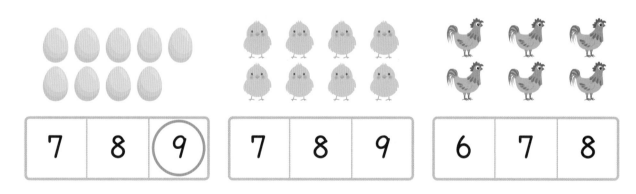

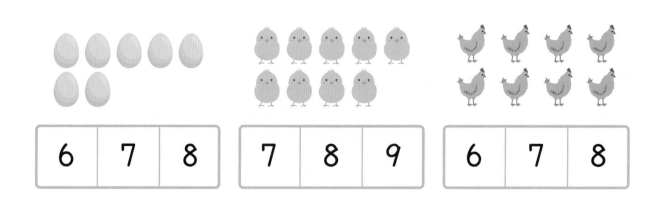

그림을 보고 수가 같지 않은 것에 ✕ 해 보세요.

| ~~칠~~ | 8 |

| 7 | 구 |

| 일곱 | 육 |

| 9 | 여덟 |
| | 팔 |

| 7 | |
| 구 | 칠 |

| | 아홉 |
| 6 | 여섯 |

| 아홉 | 8 |
| 구 | |

| 6 | 육 |
| | 다섯 |

| | 여덟 |
| 일곱 | 7 |

수 세기(1)

차례대로 하나씩 수를 세며 새의 수를 셀 수 있어요.

1 2 3 4 5 6 7 8 9

9

새의 수를 세어 □ 안에 써넣어 보세요.

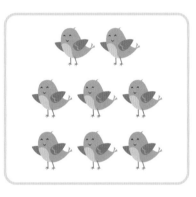

주사위의 눈의 수를 세어 ☐ 안에 써넣어 보세요.

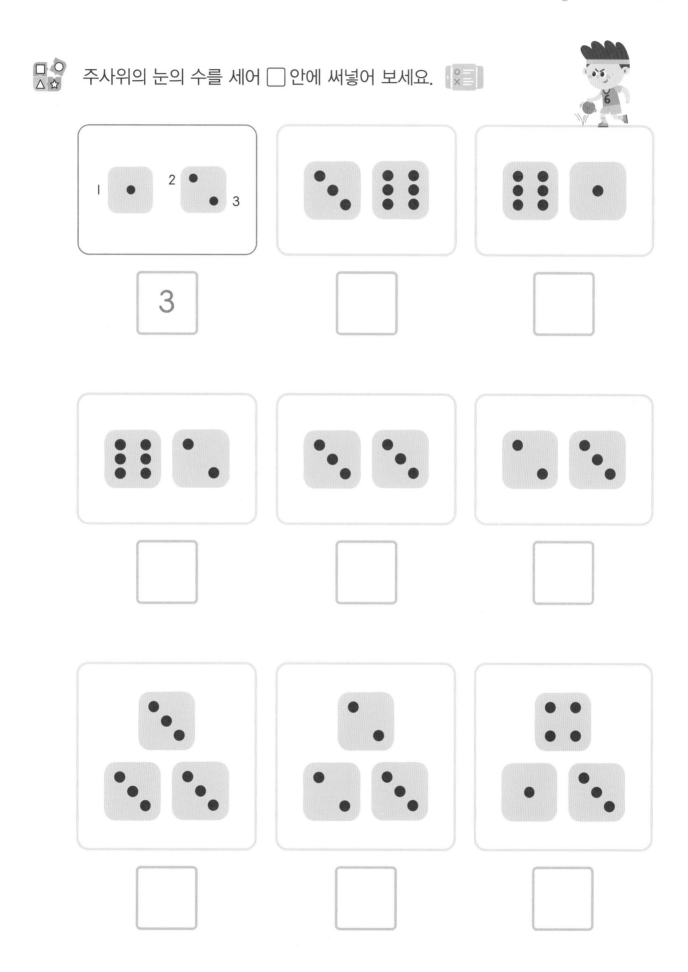

3 _{일차} 수 세기(2)

원리 펼친 손가락의 수를 세어 바르게 읽어 보아요.

6	
육	여섯

6을 읽을 때에는
'오' 다음에는 '육'으로 읽고,
'다섯' 다음에는 '여섯'으로 읽어요.

 손동작을 보고 직접 따라해 보며 펼친 손가락의 수를 세는 연습을 해 보세요.

펼친 손가락의 수를 세어 쓰고 바르게 읽은 것에 ◯ 해 보세요.

팔	구

육	칠

여섯	일곱

다섯	여섯

아홉	육

칠	여덟

모양의 수를 세어 쓰고 바르게 읽은 것에 ◯ 해 보세요.

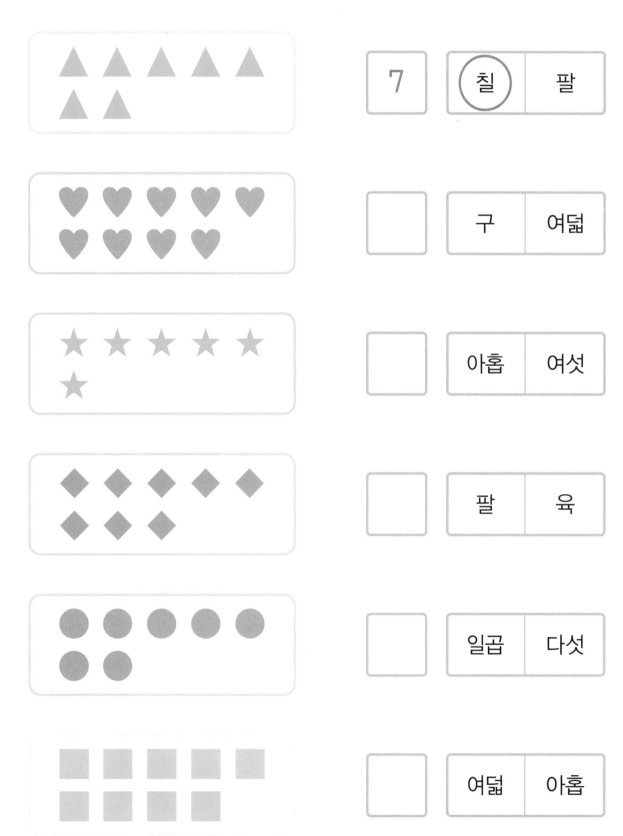

| 7 | ⬭칠 | 팔 |

| | 구 | 여덟 |

| | 아홉 | 여섯 |

| | 팔 | 육 |

| | 일곱 | 다섯 |

| | 여덟 | 아홉 |

퍼즐 연산(1)

 블록의 수를 세어 ☐ 안에 써넣어 보세요.

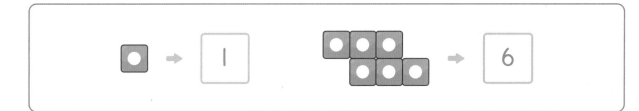

주어진 수만큼 ◯하고, 남아 있는 모양의 수를 세어 ☐ 안에 써넣어 보세요.

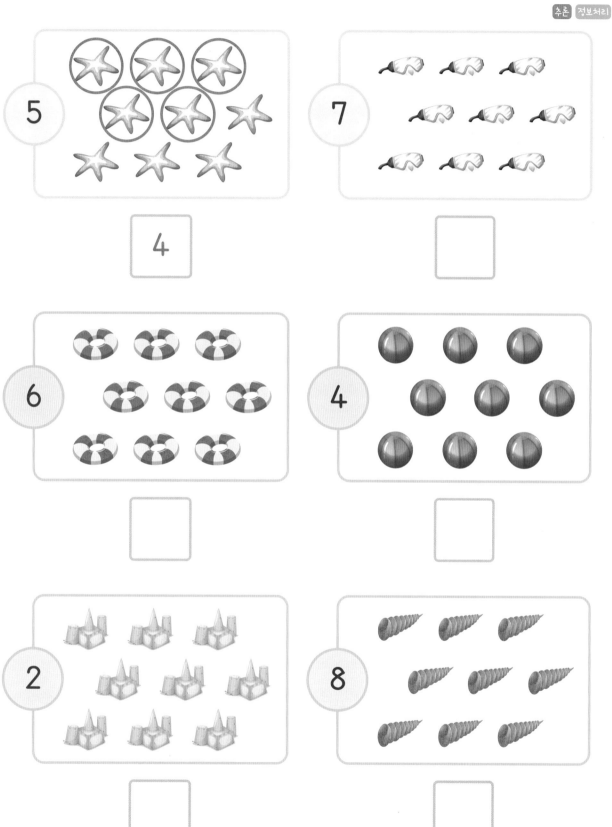

퍼즐 연산(2)

수를 세어 알맞게 선을 그어 보세요. 추론 문제해결

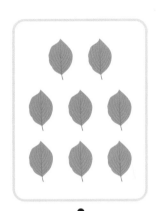

사	6	여덟	칠

일곱	구	다섯	8

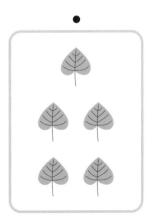

컴퓨터 비밀번호가 종이에 쓰여 있어요. 빈칸에 알맞은 수를 써넣어 보세요. 추론

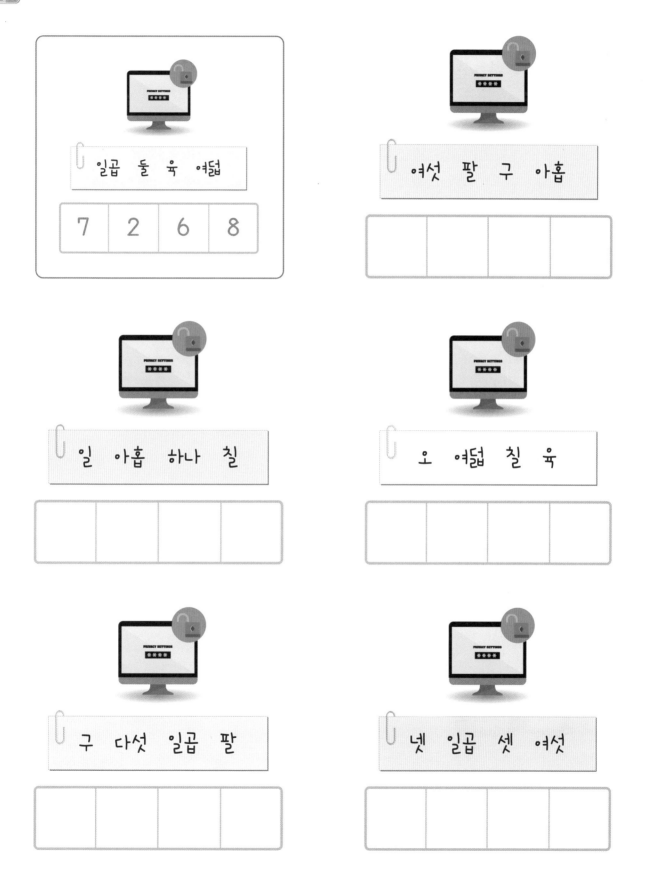

일곱 둘 육 여덟

7	2	6	8

여섯 팔 구 아홉

일 아홉 하나 칠

오 여덟 칠 육

구 다섯 일곱 팔

넷 일곱 셋 여섯

양과 소는 수를 알맞게 읽은 것을 따라가면 강을 건너 서로 만날 수 있어요.
길을 찾아 선을 그어 보세요.

출발

8	여덟
6	여섯
9	팔
7	구
3	셋
8	여덟
5	여섯
9	아홉
6	다섯
8	육
7	일곱

도착

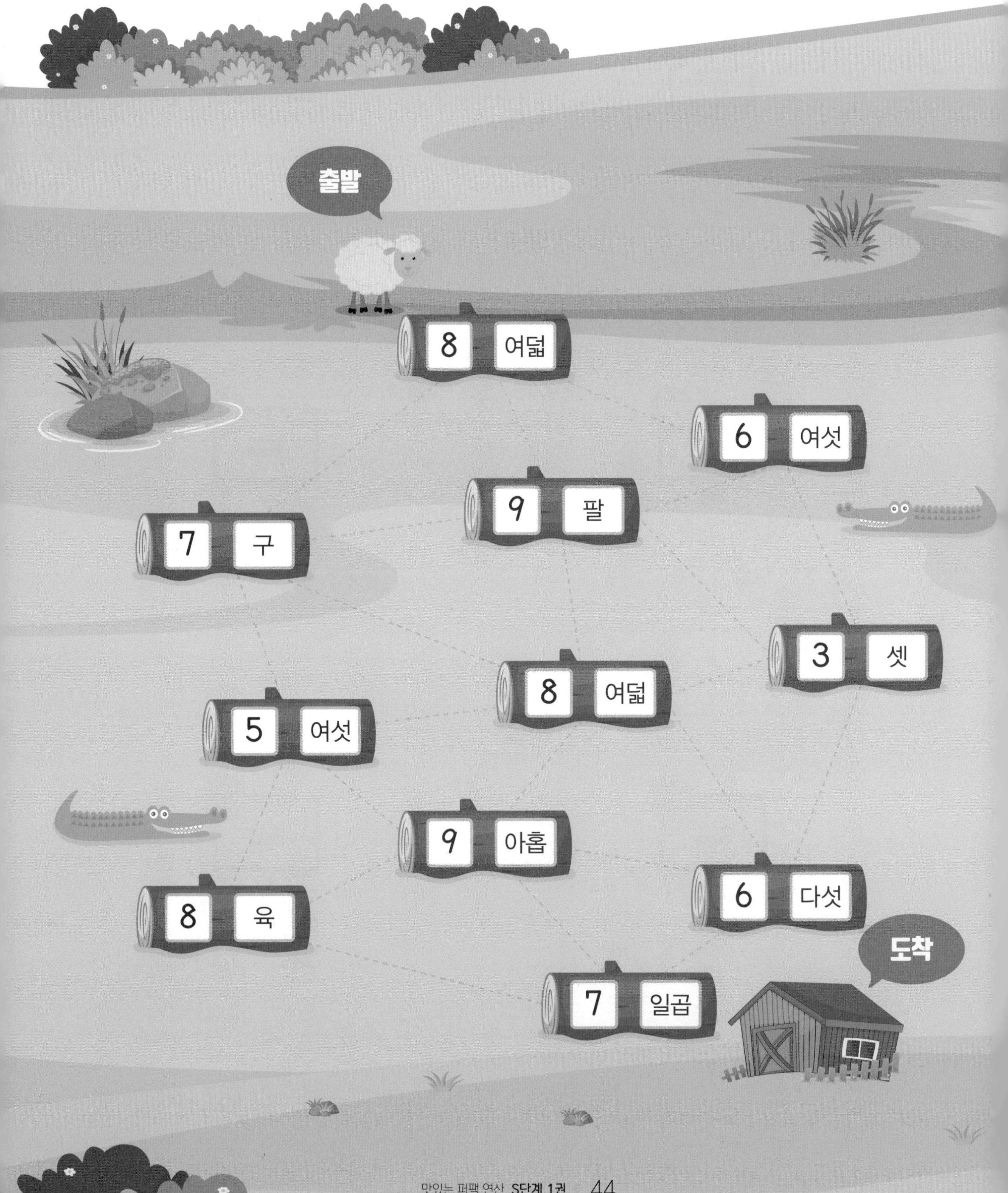

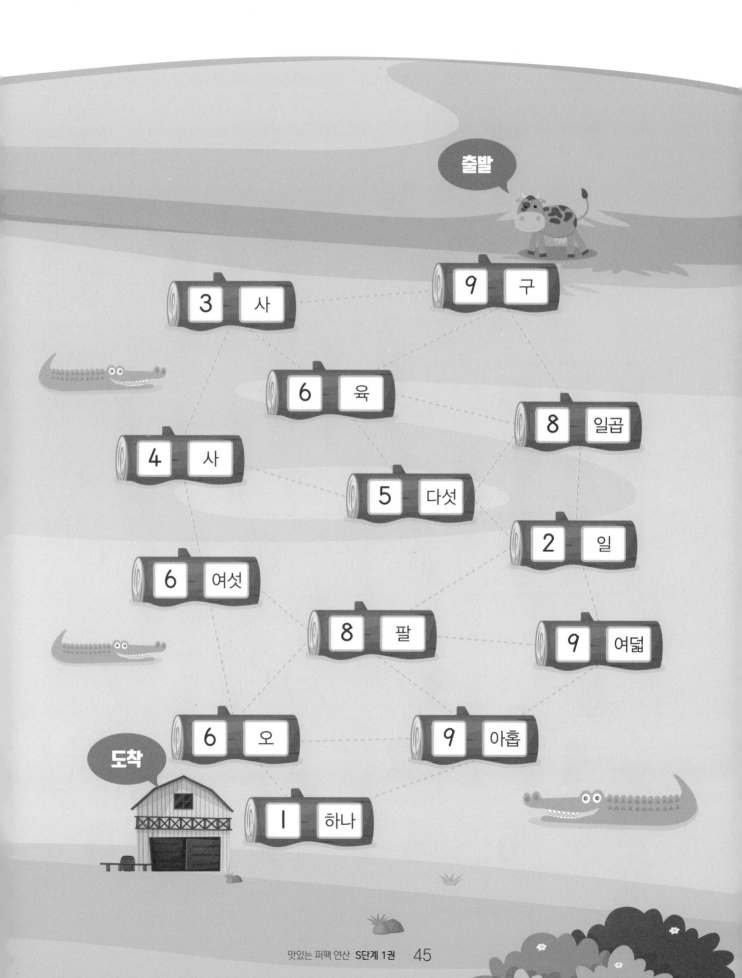

1부터 9까지의 수가 하나씩 있어요. 빠져 있는 수를 ◯ 안에 써넣어 보세요. 추론

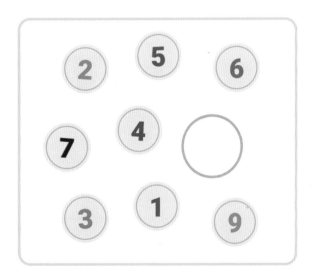

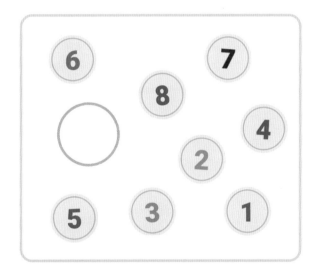

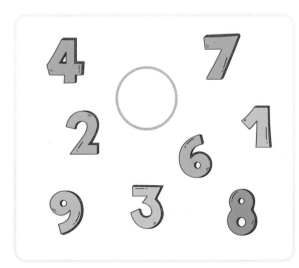

동영상 강의

맛있는 퍼팩 연산
S단계 1권

4 주차 9까지 수의 순서

4주차에서는 2주차에 이어 9까지 수의 순서를 배웁니다.
구체물을 셀 때 사용했던 수의 개념을 순서로 확장함으로써
자연수의 정렬성을 이해하고, 수의 크기를 공부하기 위한
기본적인 개념을 학습합니다.

여섯째, 일곱째, 여덟째, 아홉째

원리 다섯째 다음에 오는 수의 순서는 다음과 같이 읽어요.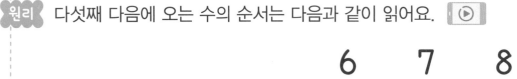

1 2 3 4 5 **6** **7** **8** **9**

여섯째 일곱째 여덟째 아홉째

 새가 있는 칸이 몇째 칸인지 바르게 읽은 것에 ○ 해 보세요.

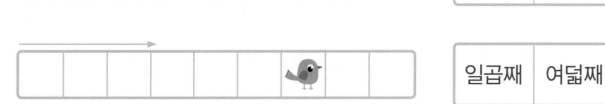

일곱째	여덟째

케이크 붙임딱지를 알맞은 칸에 붙여 보세요.

위에서
여덟째

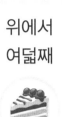

위에서
여섯째

아래에서
여섯째

아래에서
아홉째

아래에서
일곱째

9까지 수의 순서(1)

원리 9까지의 수를 순서대로 알아보아요.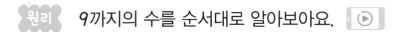

1	2	3	4	5	6	7	8	9
하나	둘	셋	넷	다섯	여섯	일곱	여덟	아홉

수 카드를 순서대로 놓았을 때, 빈 곳에 알맞은 수를 □ 안에 써넣어 보세요.

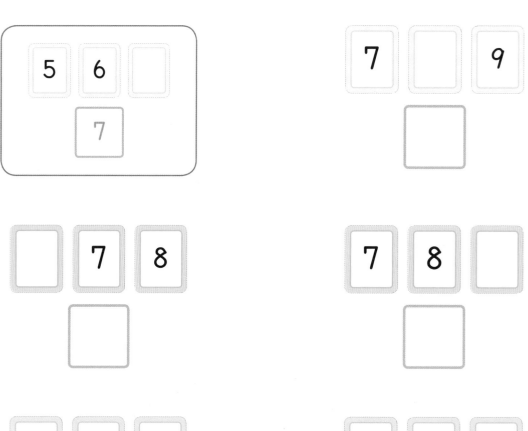

수의 순서에 알맞게 빈칸에 수를 써넣어 보세요.

4	5	6	7

5	6	7

4	5		7

3		5	6

5		7	8

6	7	

1		3	4

	7		9

수의 순서에 알맞게 빈칸에 들어갈 것에 ◯ 해 보세요.

넷	다섯		일곱

여섯		여덟	아홉

여섯	여덟

다섯	일곱

하나	둘		넷	다섯		일곱	여덟

사	셋

여섯	아홉

아홉	여섯

9까지 수의 순서(2)

원리 수의 순서를 거꾸로 하여 9에서부터 쓸 수 있어요.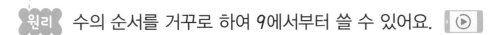

9	8	7	6	5	4	3	2	1
아홉	여덟	일곱	여섯	다섯	넷	셋	둘	하나

수의 순서를 거꾸로 하여 수 카드를 놓았을 때, 빈 곳에 알맞은 수를 □ 안에 써넣어 보세요.

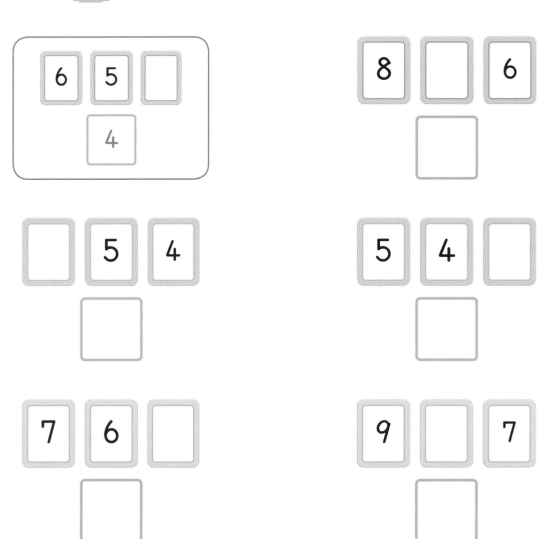

수의 순서를 거꾸로 하여 빈칸에 알맞은 수를 써넣어 보세요.

6	5	4	3

9	8	7	

7	6		4

5	4	3	

8		6	

7	6	5	

9	8		

5	4		2

수의 순서를 거꾸로 하여 빈칸에 알맞은 것에 ○ 해 보세요.

일곱   여섯   다섯

셋	넷

아홉   여덟   여섯

일곱	다섯

아홉   일곱   여섯

다섯	여덟

넷   셋   하나

다섯	여덟

둘	일

퍼즐 연산(1)

들고 있는 순서에 맞게 자리에 앉은 동물에게 ◯ 해 보세요.

추론

여섯째 [ ]

여덟째 ◯

일곱째 [ ]

아홉째 [ ]

일곱째 [ ]

여섯째 [ ]

셋째 [ ]

일곱째 [ ]

다섯째 [ ]

여섯째 [ ]

동물들이 있는 위치가 알맞은 것에 ◯ 해 보세요.

퍼즐 연산(2)

수의 순서를 따라 집에 가는 길을 선으로 그어 보세요.

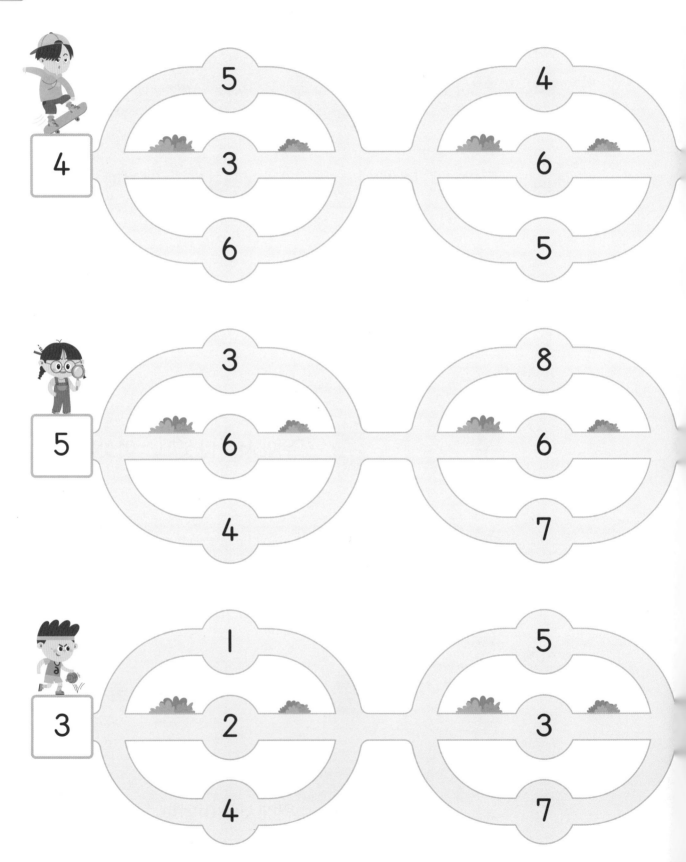

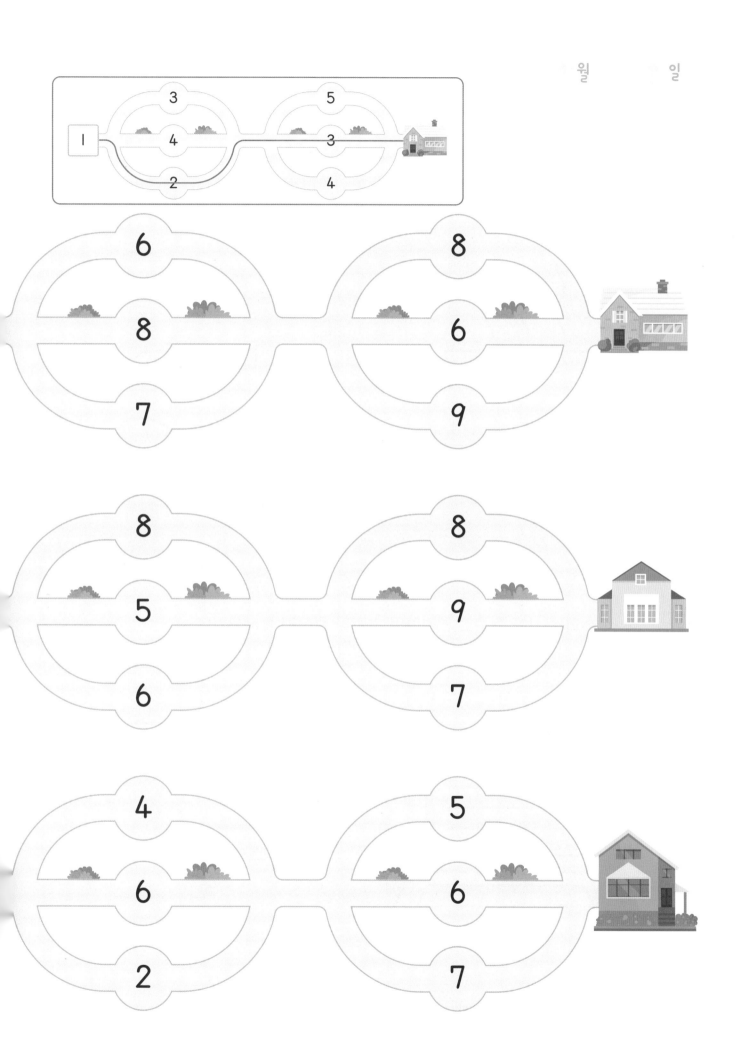

□○
△☆ 1부터 수를 순서대로 연결하여 그림을 완성해 보세요. 추론 창의·융합

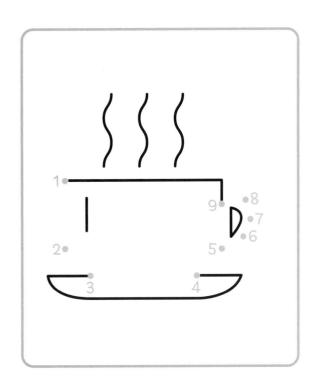

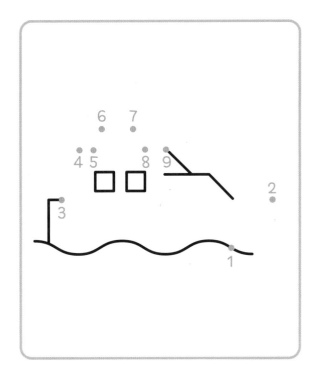

□○
△☆ 9부터 수의 순서를 거꾸로 연결하여 그림을 완성해 보세요.

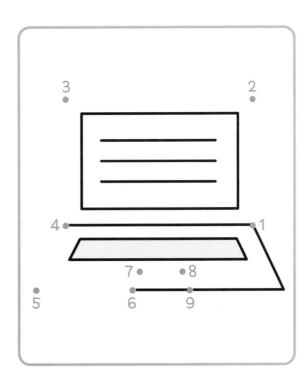

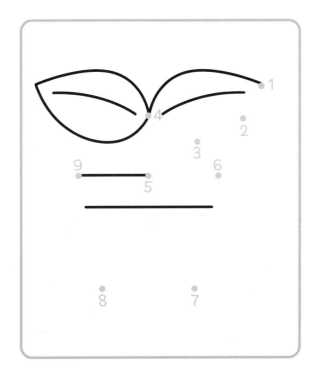

생각을 모아요! 퍼팩 사고력

 규칙을 보고 칸을 색칠하여 그림을 완성해 보세요.

수가 2개일 때
두 수의 다음에 오는
수만큼 칸을 칠해요.

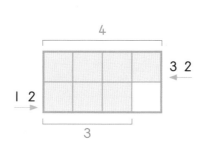

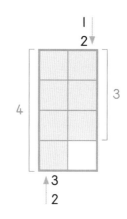

수가 1개일 때
그 수가 나타내는
순서의 칸에만 칠해요.

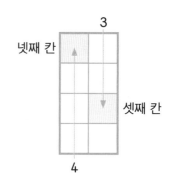

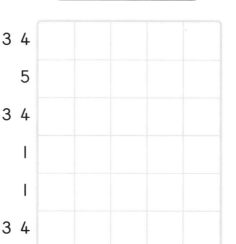

옆으로 칠하거나
위, 아래로 칠할 수 있어요.

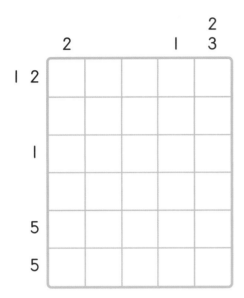

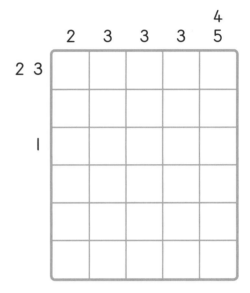

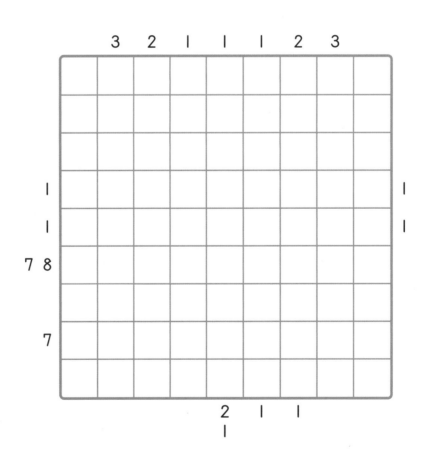

S1

S단계 1권

한 주 동안 배운 내용 한 번 더 연습!

집중! 드릴 연산

모양의 수를 세어 알맞은 것에 ○ 해 보세요.

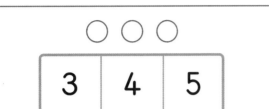

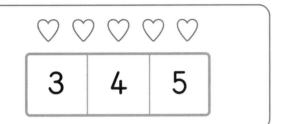

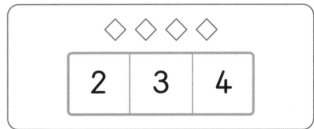

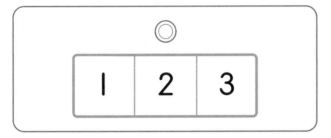

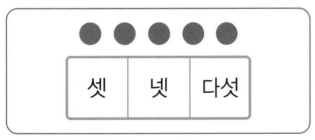

모양의 수를 세어 ☐ 안에 써넣어 보세요.

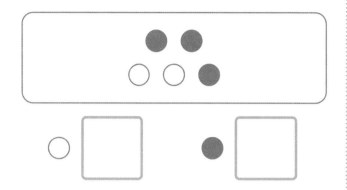

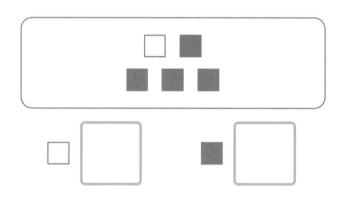

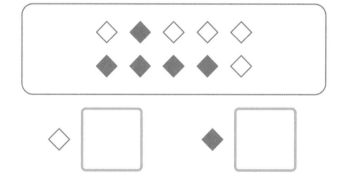

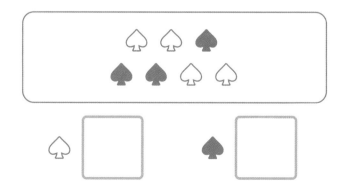

모양의 수를 세어 바르게 읽은 것에 ◯ 해 보세요.

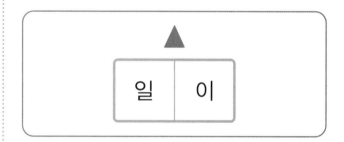

1, 2, 3, 4, 5의 순서

알맞은 칸에 ◯ 해 보세요.

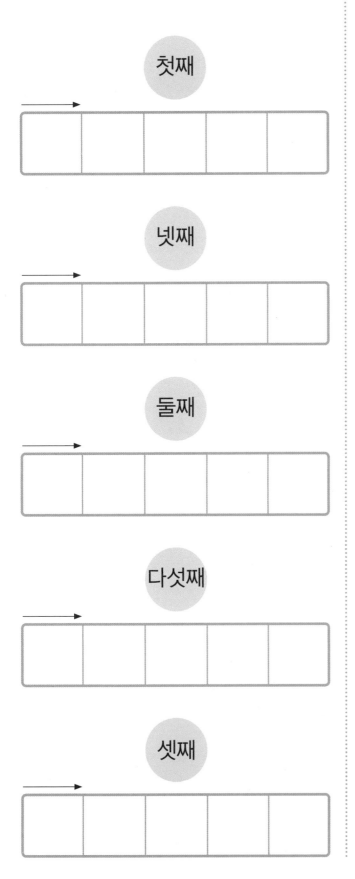

△가 있는 칸이 몇째 칸인지 바르게 읽은 것에
◯ 해 보세요.

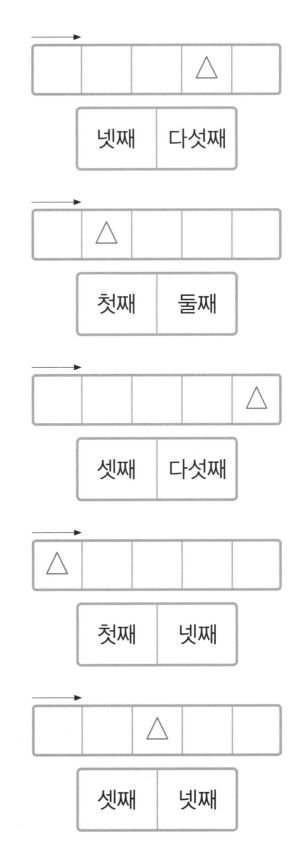

수의 순서대로 모양을 놓은 것에 ◯ 해 보세요.

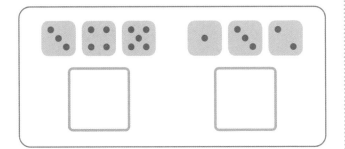

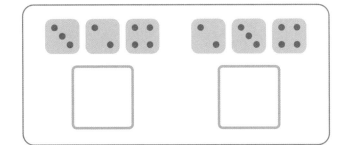

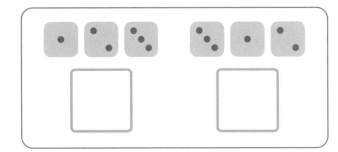

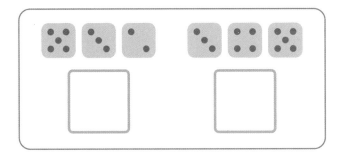

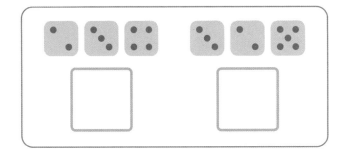

세 수를 순서대로 놓았을 때, 빈 곳에 알맞은 수를 ☐ 안에 써넣어 보세요.

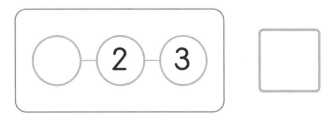

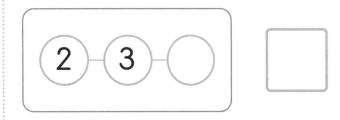

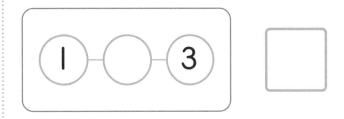

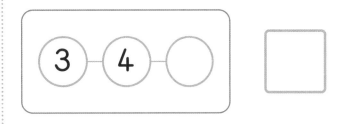

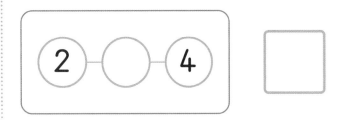

모양의 수를 세어 알맞은 것에 ◯ 해 보세요.

◯◯◯◯◯◯		
6	7	8

●●●●●●●●		
6	7	8

△△△△△△△		
7	8	9

▲▲▲▲▲▲▲▲▲		
7	8	9

♡♡♡♡♡♡♡♡		
일곱	여덟	아홉

♥♥♥♥♥♥		
여섯	일곱	여덟

□□□□□□□		
여섯	일곱	여덟

■■■■■■■■■		
일곱	여덟	아홉

☆☆☆☆☆☆☆☆		
칠	팔	구

★★★★★★★★		
육	칠	팔

♤♤♤♤♤♤		
육	칠	팔

♠♠♠♠♠♠♠		
육	칠	팔

모양의 수를 세어 ☐ 안에 써넣어 보세요.

모양의 수를 세어 바르게 읽은 것에 ◯ 해 보세요.

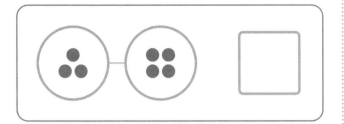

☆ ☆ ☆ ☆ ☆ ☆ ☆ ☆

팔	구

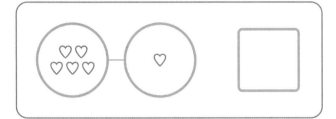

♤ ♤ ♤ ♤ ♤ ♤

육	칠

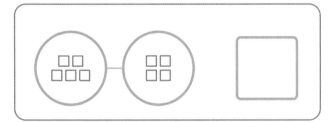

◆ ◆ ◆ ◆ ◆ ◆ ◆

여섯	일곱

▲ ▲ ▲ ▲ ▲ ▲ ▲ ▲

아홉	여덟

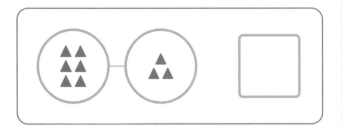

♡ ♡ ♡ ♡ ♡ ♡

여섯	아홉

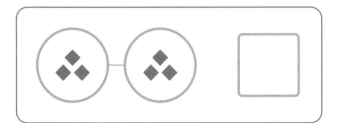

● ● ● ● ● ● ● ● ● ●

여섯	아홉

4 주차 9까지 수의 순서

△가 있는 칸이 몇째 칸인지 바르게 읽은 것에 ○ 해 보세요.

수의 순서대로 모양을 놓은 것에 ○ 해 보세요.

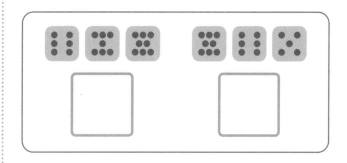

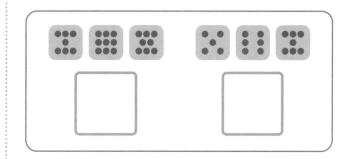

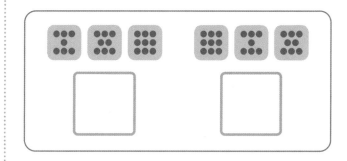

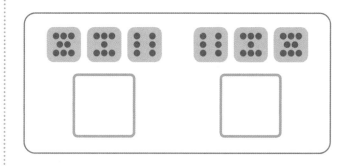

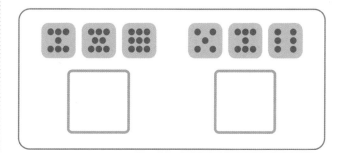

세 수를 순서대로 놓았을 때, 빈 곳에 알맞은 수를 ☐ 안에 써넣어 보세요.

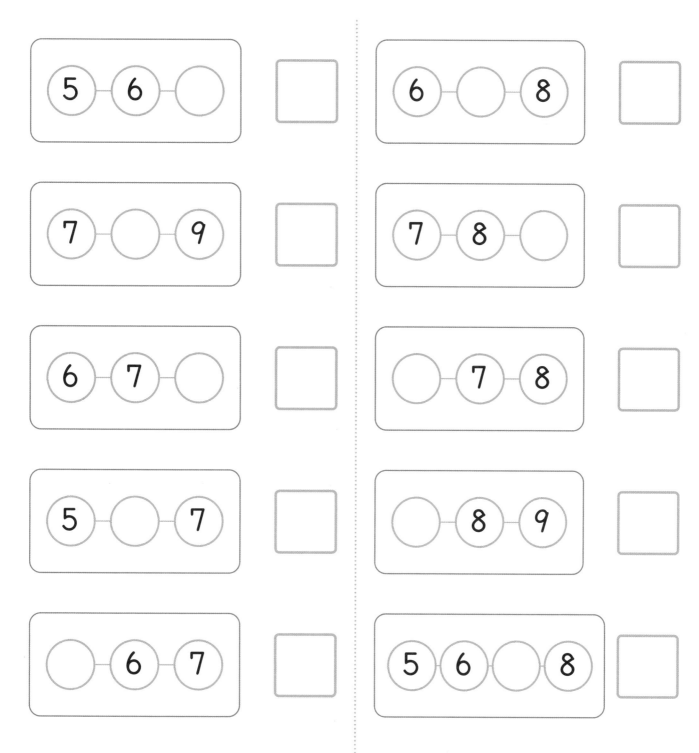

memo

맛있는 퍼팩 연산 | 원리와 사고력이 가득한 퍼즐 팩토리

정답

정답

1주차 P. 10~11

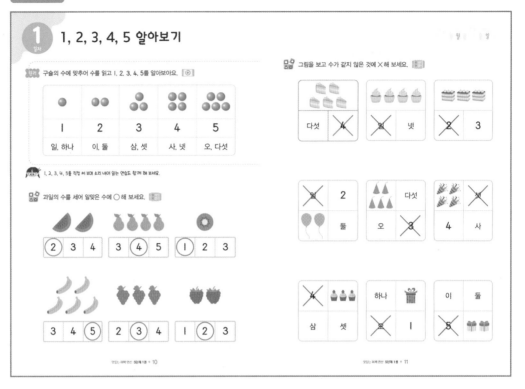

1 1, 2, 3, 4, 5 알아보기

1주차 P. 12~13

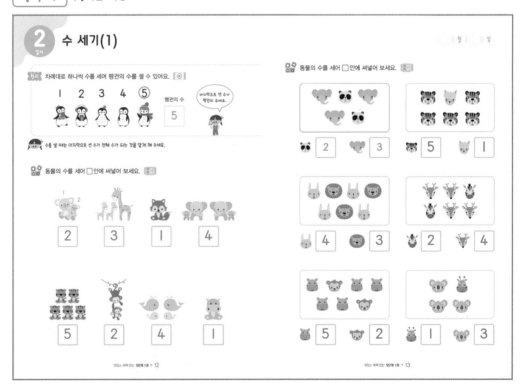

2 수 세기(1)

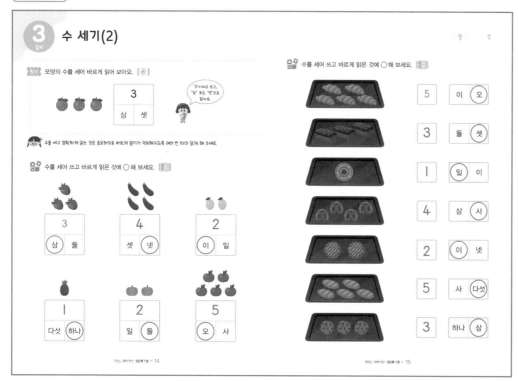

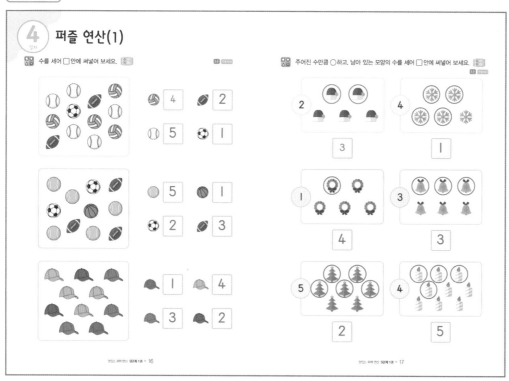

정답

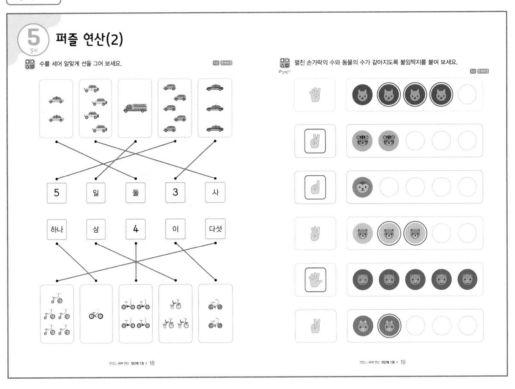

5 퍼즐 연산(2)

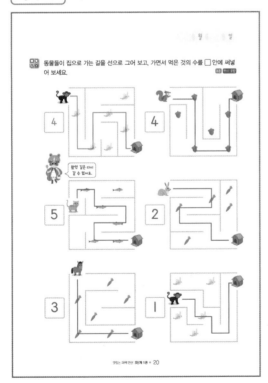

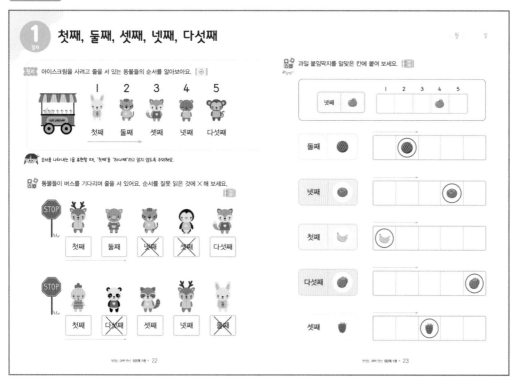

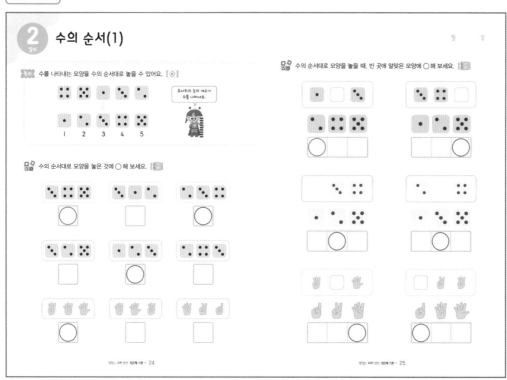

정답

2주차 P. 26~27

3 수의 순서(2)

수의 순서를 이용하여 빠진 수를 찾거나 수를 순서대로 놓을 수 있어요.

| 1 | 2 | | 4 | 5 | → | 1 | 2 | **3** | 4 | 5 |

| 1 | **3** | **4** | **2** | → | 1 | 2 | 3 | 4 |

수 카드를 순서대로 놓았을 때, 빈 곳에 알맞은 수를 □ 안에 써넣어 보세요.

| 1 | 2 | **4** |
| | | **3** |

| **2** | 3 | |
| | | **4** |

| **2** | 4 | 5 |
| | **3** | |

| 2 | **3** | 4 |
| | **3** | |

| 1 | **2** | 3 |
| | **2** | |

| 3 | 4 | **5** |
| | **5** | |

수의 순서에 알맞게 빈칸에 수를 써넣어 보세요.

| 1 | 2 | 3 | 4 |
| 1 | 2 | 3 | 4 |

| 2 | 3 | 4 | 5 |
| 1 | 2 | 3 | 4 |

| 1 | 2 | 3 | 4 |
| 2 | 3 | 4 | 5 |

수를 순서대로 빈칸에 써넣어 보세요.

| 4 | 3 | 5 | | 2 | 3 | 1 | | 4 | 2 | 3 |
| **3** | **4** | **5** | | **1** | **2** | **3** | | **2** | **3** | **4** |

| 3 | 5 | 4 | | 3 | 1 | 2 | | 5 | 4 | 3 |
| **3** | **4** | **5** | | **1** | **2** | **3** | | **3** | **4** | **5** |

2주차 P. 28~29

4 퍼즐 연산(1)

친구가 앉은 자리가 몇째인지 적었어요. 바르게 적은 동물에게 ○ 해 보세요.

셋째 ○

둘째 □

다섯째 □

넷째 ○

둘째 ○

다섯째 ○

첫째 ○

셋째 □

책장에 여러 가지 물건이 놓여 있어요. 각 물건이 아래부터 몇째인지 알맞은 수를 □ 안에 써넣어 보세요.

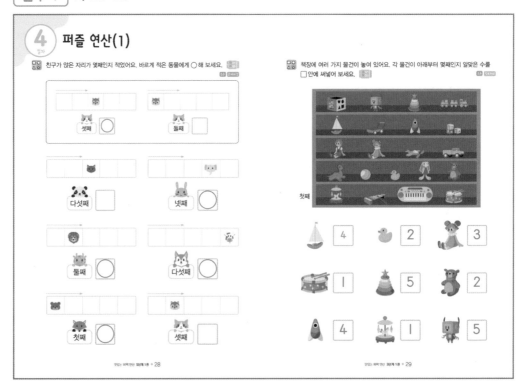

4 · 2 · 3

1 · 5 · 2

4 · 1 · 5

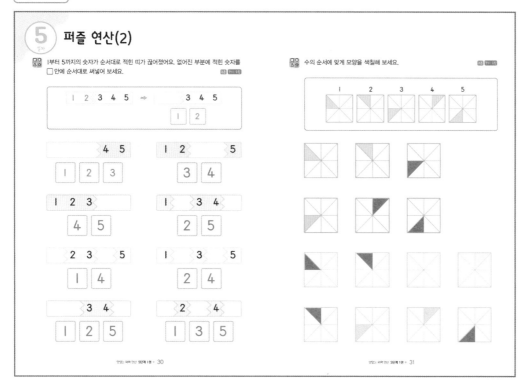

5 퍼즐 연산(2)

정답

3주차 P. 34~35

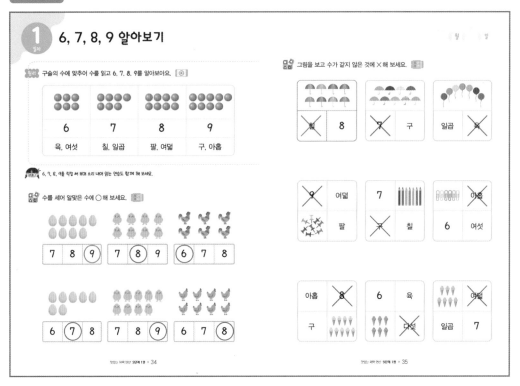

1 6, 7, 8, 9 알아보기

3주차 P. 36~37

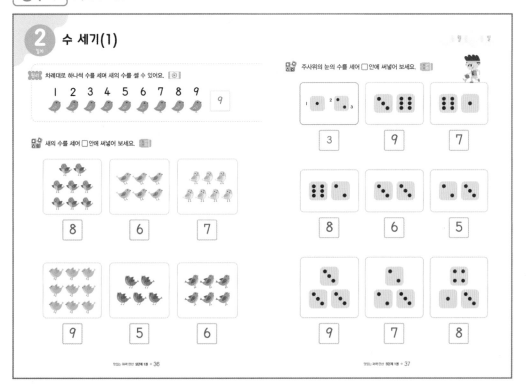

2 수 세기(1)

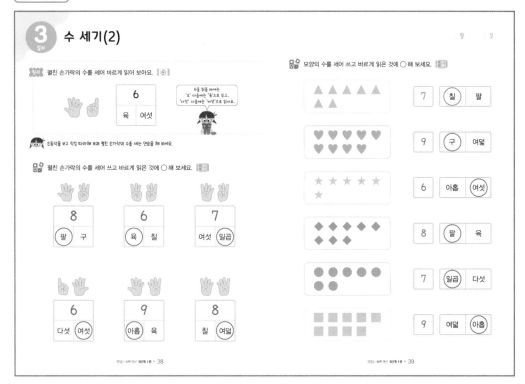

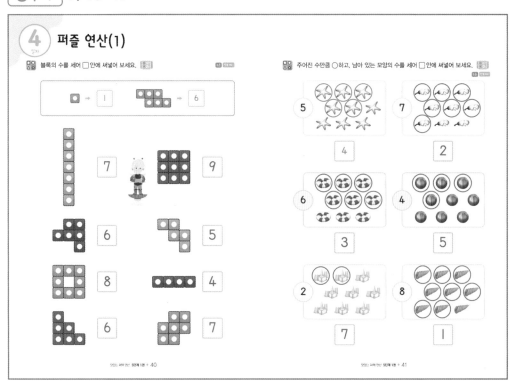

정답

3주차 P. 42~43

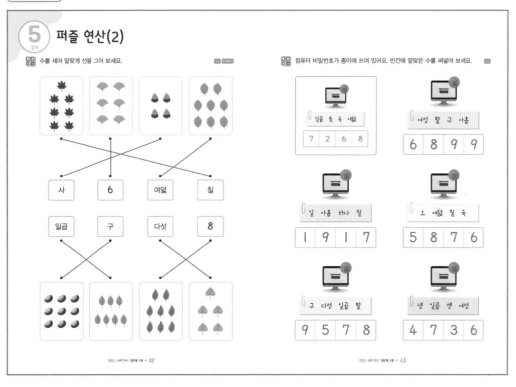

3주차 P. 44~45

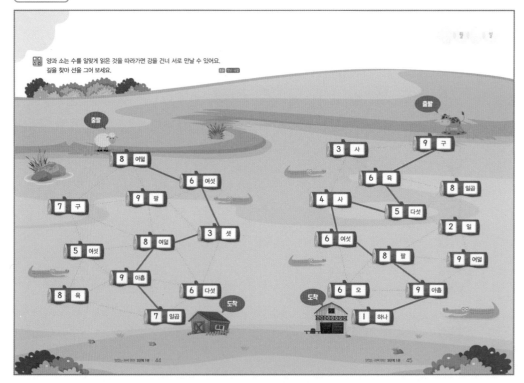

다음 페이지에
계속 연결됩니다.

4주차 P. 48~49

1 여섯째, 일곱째, 여덟째, 아홉째

월   일

다섯째 다음에 오는 수의 순서는 다음과 같이 읽어요.

6 7 8 9
1 2 3 4 5
여섯째 일곱째 여덟째 아홉째

새가 있는 칸이 몇째 칸인지 바르게 읽은 것에 ○해 보세요.

1 2 3 4 5 6 7 8 9 — 여섯째 (일곱째)

(여섯째) 아홉째

일곱째 (여덟째)

여덟째 (아홉째)

(일곱째) 여덟째

케이크 붙임딱지를 알맞은 칸에 붙여 보세요.

위에서 여덟째
위에서 여섯째

아래에서 여섯째
아래에서 아홉째
아래에서 일곱째

4주차 P. 50~51

2 9까지 수의 순서(1)

월   일

9까지의 수를 순서대로 알아보아요.

1 2 3 4 5 6 7 8 9
하나 둘 셋 넷 다섯 여섯 일곱 여덟 아홉

수 카드를 순서대로 놓았을 때, 빈 곳에 알맞은 수를 □안에 써넣어 보세요.

5 6 □ 7

□ 7 8 6

6 7 □ 8

7 □ 9 8

7 8 □ 9

5 □ 7 6

수의 순서에 알맞게 빈칸에 수를 써넣어 보세요.

4 5 6 7   5 6 7 8

4 5 6 7   3 4 5 6

5 6 7 8   6 7 8 9

1 2 3 4 5 6 7 8 9

수의 순서에 알맞게 빈칸에 들어갈 것에 ○해 보세요.

넷 다섯 □ 일곱   여섯 □ 여덟 아홉
(여섯) 여덟   다섯 (일곱)

하나 둘 □ 넷 다섯 □ 일곱 여덟 □
사 (셋)   (여섯) 아홉   (아홉) 여섯

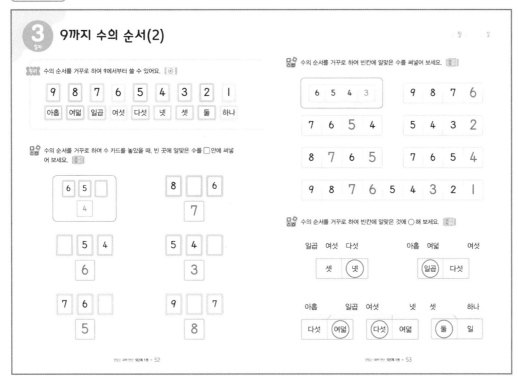

정답

⑤ 퍼즐 연산(2)

수의 순서를 따라 집에 가는 길을 선으로 그어 보세요.

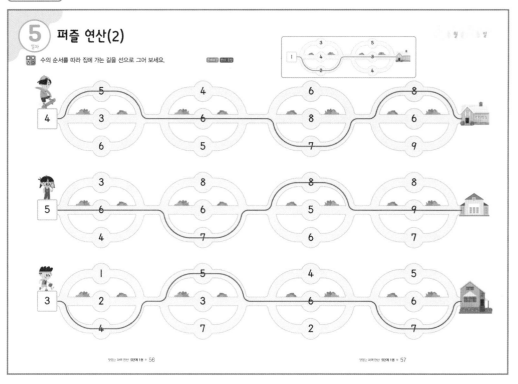

1부터 수를 순서대로 연결하여 그림을 완성해 보세요.

9부터 수의 순서를 거꾸로 연결하여 그림을 완성해 보세요.

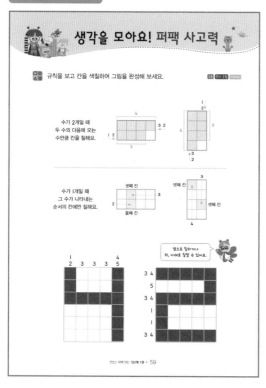

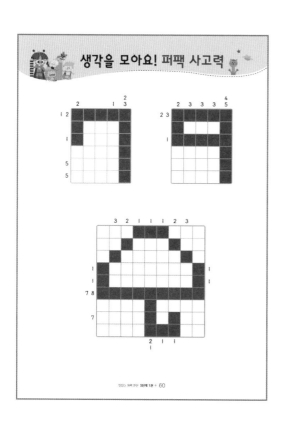

정답

1 주차 P. 62~63

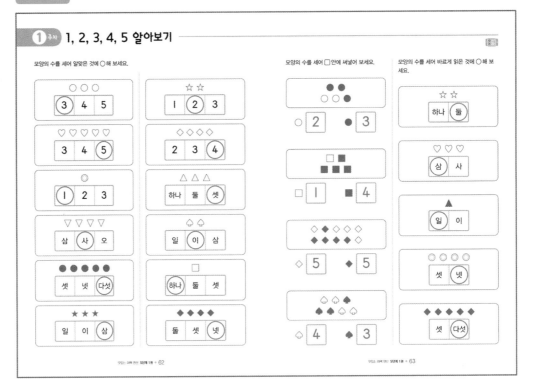

2 주차 P. 64~65

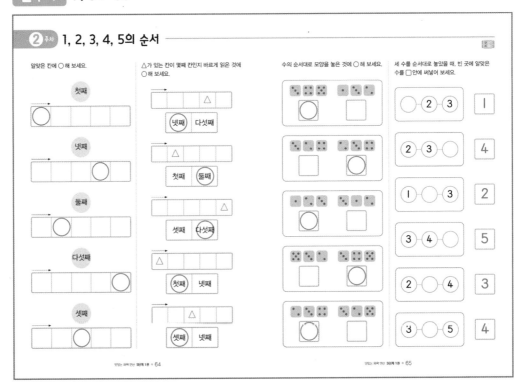

3주차 6, 7, 8, 9 알아보기

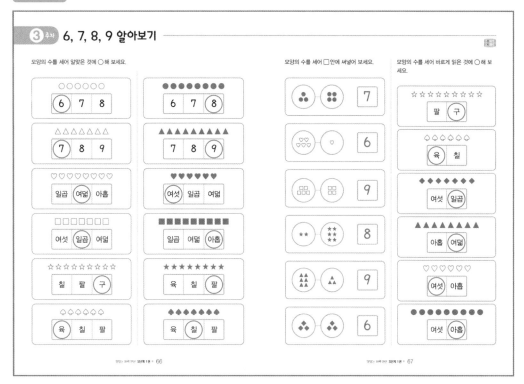

4주차 9까지 수의 순서

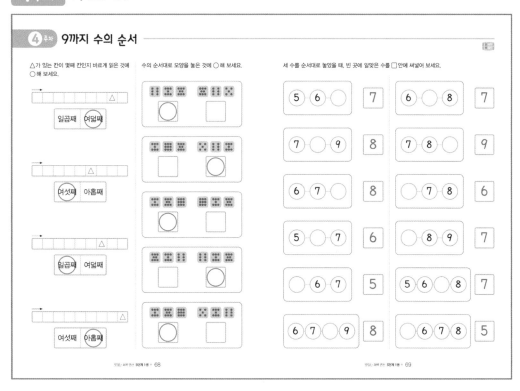

memo

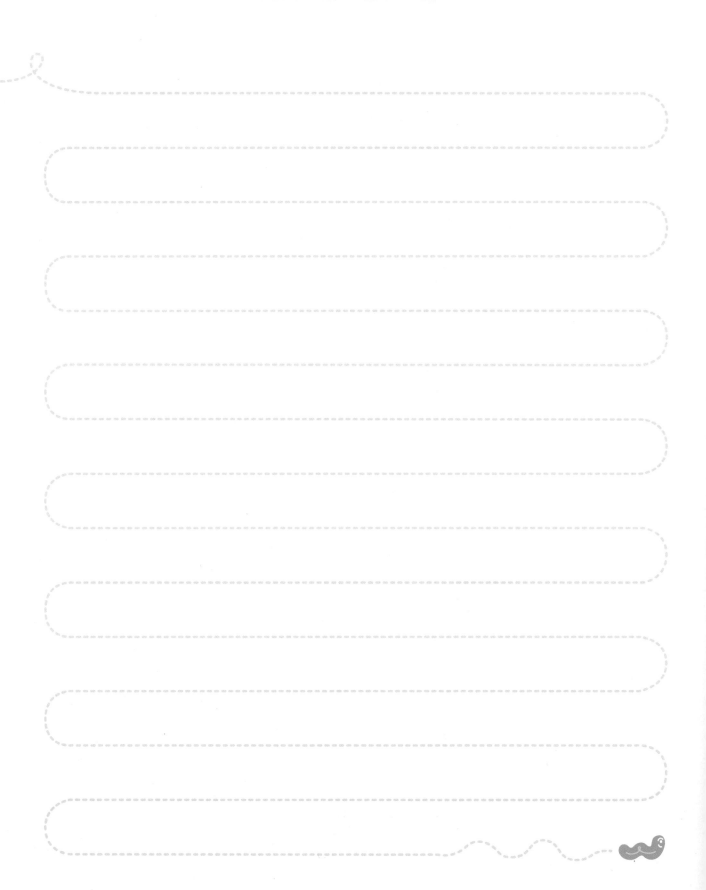